essentials

Essentials liefern aktuelles Wissen in konzentrierter Form. Die Essenz dessen, worauf es als „State-of-the-Art" in der gegenwärtigen Fachdiskussion oder in der Praxis ankommt. Essentials informieren schnell, unkompliziert und verständlich.

- als Einführung in ein aktuelles Thema aus Ihrem Fachgebiet
- als Einstieg in ein für Sie noch unbekanntes Themenfeld
- als Einblick, um zum Thema mitreden zu können.

Die Bücher in elektronischer und gedruckter Form bringen das Expertenwissen von Springer-Fachautoren kompakt zur Darstellung. Sie sind besonders für die Nutzung als eBook auf Tablet-PCs, eBook-Readern und Smartphones geeignet.

Essentials: Wissensbausteine aus Wirtschaft und Gesellschaft, Medizin, Psychologie und Gesundheitsberufen, Technik und Naturwissenschaften. Von renommierten Autoren der Verlagsmarken Springer Gabler, Springer VS, Springer Medizin, Springer Spektrum, Springer Vieweg und Springer Psychologie.

Inga Kuhlmann • Dawn Chin
Gerald Rimbach

Prävention kardiovaskulärer Erkrankungen und Atherosklerose

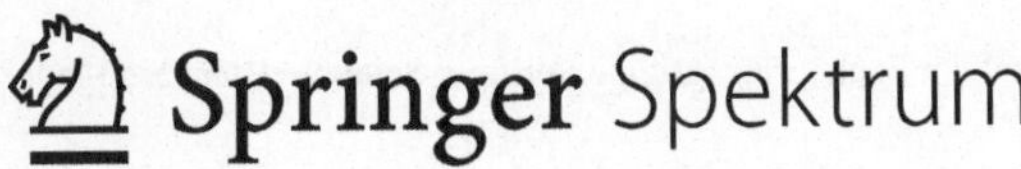

Inga Kuhlmann
Dawn Chin
Gerald Rimbach

Lebensmittelwissenschaft
Institut für Humanernährung
und Lebensmittelkunde
Kiel
Deutschland

ISSN 2197-6708
essentials
ISBN 978-3-658-08358-8
DOI 10.1007/978-3-658-08359-5

ISSN 2197-6716 (electronic)

ISBN 978-3-658-08359-5 (eBook)

Die Deutsche Nationalbibliothek verzeichnet diese Publikation in der Deutschen Nationalbibliografie; detaillierte bibliografische Daten sind im Internet über http://dnb.d-nb.de abrufbar.

Springer Spektrum

Gedruckt auf säurefreiem und chlorfrei gebleichtem Papier

Springer Fachmedien Wiesbaden ist Teil der Fachverlagsgruppe Springer Science+Business Media
(www.springer.com)

Was Sie in diesem Essential finden können

- Detaillierte molekulare Mechanismen, welche zu der Pathogenese der Atherosklerose beitragen.
- Eine Einführung zu Stickstoffmonoxid-Synthasen und deren Bedeutung in der Prävention und Pathogenese kardiovaskulärer Erkrankungen.
- Empfehlungen für eine gesunde Ernährung zur Prävention von Herz-Kreislauf-Erkrankungen.
- Eine Einführung zu Apolipoprotein E und dessen Bedeutung in der Entwicklung der Atherosklerose.

Inhaltsverzeichnis

Einleitung und Epidemiologie 1

Nach Angaben der Weltgesundheitsorganisation (World Health Organization, WHO) sind Krankheiten des Herz-Kreislauf-Systems weltweit für etwa ein Drittel aller Todesfälle verantwortlich und stellen somit die häufigste Todesursache dar (WHO 2002). In Deutschland wurden für das Jahr 2006 insgesamt ca. 360.000 Todesfälle durch Krankheiten des Kreislaufsystems verzeichnet (WHO 2004), was einem Anteil von etwa 45 % an der Gesamtmortalität entspricht.

Primäre Ursache für Herz-Kreislauf-Erkrankungen ist die Atherosklerose, eine komplexe Systemerkrankung, die mit degenerativen Veränderungen der arteriellen Gefäßwände einhergeht. Dabei führen Fettablagerungen, Entzündungsreaktionen, Zellproliferationen und Kollagensynthese zu einer Verdickung und Verhärtung der Gefäßwände. Besonders die Tunica intima (die innerste Schicht der Blutgefäße, siehe Abb. 1.1) wird durch atherosklerotische Prozesse, in die eine Vielzahl molekularer Mechanismen involviert ist, umstrukturiert.

An der Atherogenese sind Monozyten bzw. Makrophagen, glatte Muskelzellen, Endothelzellen und Thrombozyten beteiligt. Die Veränderungen der Gefäßwände erfolgen dabei über einen Zeitraum von mehreren Jahren, oft auch Jahrzehnten, und bleiben dabei lange unbemerkt. Die klinische Manifestation der Atherosklerose äußert sich in verschiedenen Krankheitsbildern, zu denen die koronare Herzerkrankung, Ischämie, Herzinfarkt und der Schlaganfall (Apoplex) zählen. Bei der ischämischen oder auch koronaren Herzkrankheit (KHK), einer chronischen Erkrankung der Herzkranzgefäße, kommt es aufgrund einer Verengung (Stenose) eines oder mehrerer Gefäße zu einer Mangeldurchblutung des Herzens, der sogenannten Ischämie. Zu den Folgen einer KHK zählen die stabile Angina pectoris (belastungsabhängige Beschwerden bzw. Schmerzen in der Brust), die instabile

© Springer Fachmedien Wiesbaden 2014
I. Kuhlmann, et al., *Prävention kardiovaskulärer Erkrankungen und Atherosklerose*, essentials, DOI 10.1007/978-3-658-08359-5_1

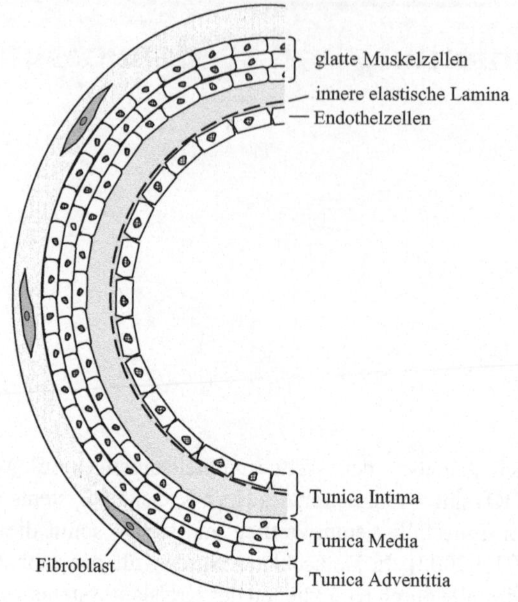

Abb. 1.1 Vereinfachte Darstellung eines histologischen Schnittes durch ein Segment einer Arterie (modifiziert nach Lusis 2000)

Angina pectoris (Auftreten der Beschwerden bzw. Schmerzen auch im Ruhezustand), die Herzinsuffizienz sowie der akute Myokardinfarkt, bei dem in Folge der Mangeldurchblutung das Herzmuskelgewebe abstirbt (Löwel 2006).

Bei einer Thrombose oder einer Embolie hingegen kommt es zu einem Gefäßverschluss, wodurch der Blutstrom und somit auch die Versorgung der Gewebe mit Sauerstoff blockiert werden. Neben Gehirnblutungen aufgrund eines verletzten Blutgefäßes zählen Thrombose und Embolie zu den Hauptursachen von Schlaganfällen, welche den größten Anteil der cerebrovaskulären Krankheiten ausmachen.

Das Risiko für die Entwicklung einer Atherosklerose kann durch einen gesunden Lebensstil und eine gesunde Ernährung deutlich reduziert werden. Im Idealfall kann somit eine Atherosklerose verhindert oder zumindest deren Entwicklung signifikant verzögert werden.

Molekulare Mechanismen der Atherosklerose

2

Atherosklerose ist eine progressive Erkrankung, die durch Ansammlung und Ablagerung von Lipiden und extrazellulärer Matrix in den Arterien charakterisiert ist und mit Prozessen der Oxidation und Inflammation einhergeht (Libby 2002; Lusis 2000). Eine weit verbreitete Theorie bezüglich der Atherogenese ist die *response to injury*-Theorie, wonach eine endotheliale Schädigung und die daraus resultierende Dysfunktion des Endothels das primäre Ereignis in der Entwicklung einer Atherosklerose darstellen. Die weiteren Veränderungen der arteriellen Gefäßwände werden dabei als Antwort auf die initiale Schädigung des Endothels betrachtet (Lusis 2000).

Abbildung 2.1 gibt einen Überblick über die Entwicklung einer Atherosklerose von der Lipideinlagerung bis zur Plaqueruptur und Thrombusbildung.

2.1 Initiierung einer Läsion der Arterienwand

Das arterielle Endothel besteht aus einschichtig und parallel zum Blutstrom angesiedelten Endothelzellen mit elipsoider Form. Mithilfe der interzellulär lokalisierten tight junctions fungiert das Endothel als selektiv permeable Barriere zwischen Blut und Gewebe. Dabei sind die Endothelzellen dem Blutstrom und somit einer sich stetig verändernden Umgebung ausgesetzt. Dem kontinuierlich auf die Endothelzellen einwirkenden Scherstress des Blutstroms kommt dabei eine Schlüsselrolle in der Regulation biochemischer Mechanismen der Endothelzellen, wie die Aktivierung intrazellulärer Signaltransduktionen oder die Steuerung der Expression zellspezifischer Proteine, zu (Pan 2009).

© Springer Fachmedien Wiesbaden 2014
I. Kuhlmann, et al., *Prävention kardiovaskulärer Erkrankungen und Atherosklerose*, essentials, DOI 10.1007/978-3-658-08359-5_2

3

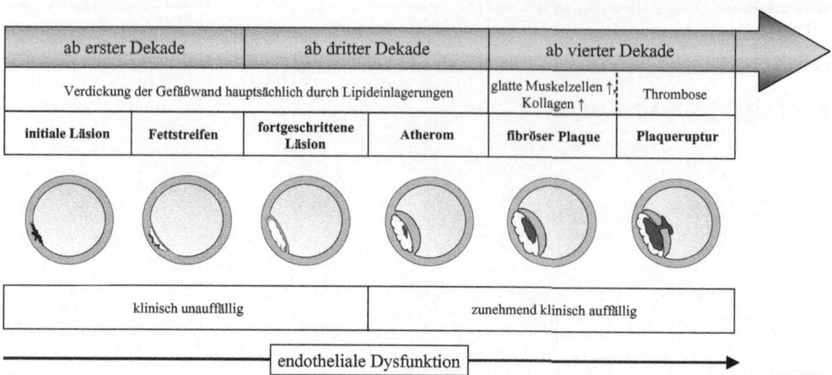

Abb. 2.1 Stufen der Entstehung einer Atherosklerose (modifiziert nach Stary et al. 1995)

Atherosklerotische Veränderungen entstehen vor allem an einer Krümmung, Verengung oder deren Aufzweigung von Arterien. An diesen Stellen wird der gleichmäßige Blutstrom gestört, so dass ein geringerer, oszillierender Scherstress auf die dortigen Endothelzellen einwirkt (Pan 2009; Abb. 2.2).

Während ein hoher Scherstress die elipsoide Form und die Ausrichtung der Endothelzellen in Fließrichtung nicht beeinflusst, verursacht ein geringer Scherstress eine zunehmende Unordnung der angesiedelten Endothelzellen. Folglich weisen diese Bereiche des Endothels eine erhöhte Permeabilität gegenüber Makromolekülen wie LDL auf (Lusis 2000), wodurch der primären Schritt einer Gefäßwandläsion charakterisiert ist.

In vitro-Versuche zeigten, dass ein oszillierender, geringer Scherstress eine anhaltend hohe Bildung reaktiver Sauerstoffspezies (*reactive oxygen species*, ROS) in den Endothelzellen bewirkt und gleichzeitig die Konzentration des wichtigsten intrazellulären Antioxidans Glutathion absenkt. Die somit begünstigte Oxidation der LDL-Partikel induziert die Aktivierung des Transkriptionsfaktors NFκB (*nuclear factor kappa B*, nukleärer Faktor kappa B), infolgedessen die Bildung atherogener Moleküle wie der Adhäsionsmoleküle ICAM-1 (*intercellular adhension molecule-1*, interzelluläres Adhäsionsmolekül 1), VCAM-1 (*vascular cell adhension molecule-1*, vaskuläres Zelladhäsionsmolekül 1) und E-Selektin sowie des Chemokins MCP-1 (*monocyte chemoattractant protein1*, Monozyten-Chemoattraktor Protein 1) gesteigert wird (Chen et al. 2004). Die Aktivierung von NFκB resultiert somit in der Rekrutierung von Leukozyten in die Gefäßwand sowie der Initiierung von Entzündungsreaktionen. Des Weiteren bewirkt ein oszillierender Scherstress

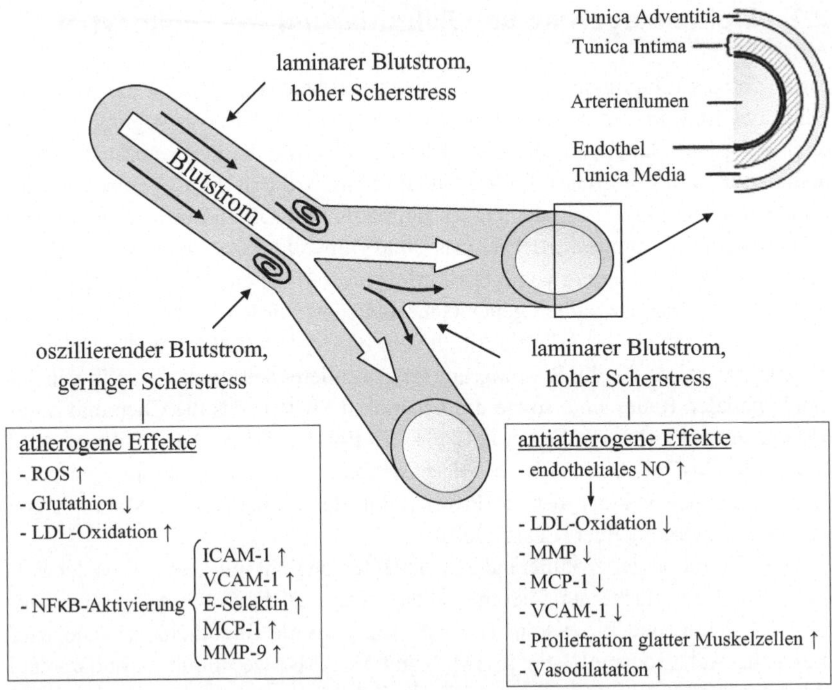

Abb. 2.2 Erhöhter Scherstress in Regionen der Arterienaufzweigung (modifiziert nach Pan 2009). *ROS* reaktive Sauerstoffspezies, *ICAM-1* intercellular adhension molecule-1, *VCAM-1* vascular cell adhension molecule-1, *MCP-1* monocyte chemoattractant protein-1, *MMP* Matrix-Metalloproteinase

auch eine NFκB-vermittelte, gesteigerte mRNA-Expression und Proteinsynthese der Matrix-Metalloproteinase-(MMP-)9, eine die Plaquestabilität schwächende Gelatinase.

Die Regionen der Arterienwand, die einem erhöhten laminaren Scherstress ausgesetzt sind, sind dagegen nur selten von Gefäßwandläsionen betroffen (Pan 2009). Begründet ist dieser Effekt neben einer deutlich verminderten Monozyten-adhäsion sowie dem Anstieg der Superoxid-Dismutase, der Glutathion-Peroxidase und des intrazellulären Glutathions vor allem in einer stark gesteigerten Synthese des endothelial gebildeten Stickstoffmonoxids (NO) durch die endotheliale Stick-stoffmonoxid-Synthase (eNOS) (siehe Abschn. 3).

2.2   Lipideinlagerung und Rekrutierung von Leukozyten

Ein wichtiges Ereignis in der Entwicklung einer Atherosklerose ist die Akkumulation des LDL in der subendothelialen Tunica intima. Die Ausprägung der Anreicherung wird dabei von dem LDL-Blutspiegel sowie der Permeabilität des Endothels für LDL beeinflusst. LDL diffundiert passiv durch die *tight junctions* der Endothelzellen und wird in der Tunica intima durch ROS zu minimal oxidiertem LDL (mmLDL$_{ox}$) umgewandelt (Lusis 2000). Sowohl ROS als auch mmLDL$_{ox}$ bewirken eine Aktivierung von NFκB, infolgedessen die endotheliale mRNA-Expression verschiedener atherogener Gene induziert wird (Collins und Cybulsky 2001). Dazu zählen die Adhäsionsmoleküle ICAM-1, VCAM-1 und E-Selektin, die verantwortlich für die Rekrutierung der zirkulierenden Leukozyten in den subendothelialen Raum sind, sowie das Chemokin MCP-1, das die Chemotaxis der Monozyten beeinflusst (Chen et al. 2004). In Folge der mmLDL$_{ox}$-Bildung wird zudem der M-CSF (*macrophage colony-stimulating factor*, Makrophagen-koloniestimulierende Faktor), der die Proliferation der Monozyten zu Makrophagen steuert, vermehrt gebildet (Lusis 2000).

Die Infiltration der zirkulierenden Monozyten beginnt mit dem Rollen der Zellen auf der Oberfläche der Endothelzellen, vermittelt durch die Adhäsionsmoleküle E-Selektin und P-Selektin. Die Anheftung an die Endotheloberfläche wird durch die Adhäsionsmoleküle ICAM-1 und VCAM-1 vermittelt (Woollard und Geissmann 2010; Abb. 2.3), die auch für die Rekrutierung der T-Lymphozyten verantwortlich sind (Pan 2009).

Bei der anschließenden Diapedese migrieren Monozyten und Lymphozyten durch die *tight junctions* der Endothelzellen in die Tunica intima und folgen dabei einem Konzentrationsgradienten der Entzündungsmediatoren. Verschiedene Chemokine sind in der Lage, die Leukozyten direkt in die Tunica intima zu rekrutieren (Libby 2002). Von besonderer Bedeutung für die Chemotaxis der Monozyten im atherosklerotischen Gewebe ist die Interaktion zwischen MCP-1 (dessen Expression von NFκB reguliert wird) und seinem von den Monozyten exprimierten Rezeptors CCR2. In der Tunica intima stimuliert das Zytokin M-CSF die Proliferation und Differenzierung der Monozyten zu Makrophagen (Lusis 2000). Tabelle 2.1 gibt einen Überblick über die Moleküle, die in die Rekrutierung der Monozyten beteiligt sind.

Die T-Lymphozyten präsentieren auf ihrer Oberfläche den Chemokinrezeptor CXCR3, der verschiedene lymphozytenspezifische Chemokine wie die drei Interferon-γ-(IFN-γ-)induzierbaren Chemokine IP-10 (*inducible protein-10*), Mig (*monokine induced by IFN-γ*) und I-TAC (*IFN-inducible T-cell α-chemoattractant*)

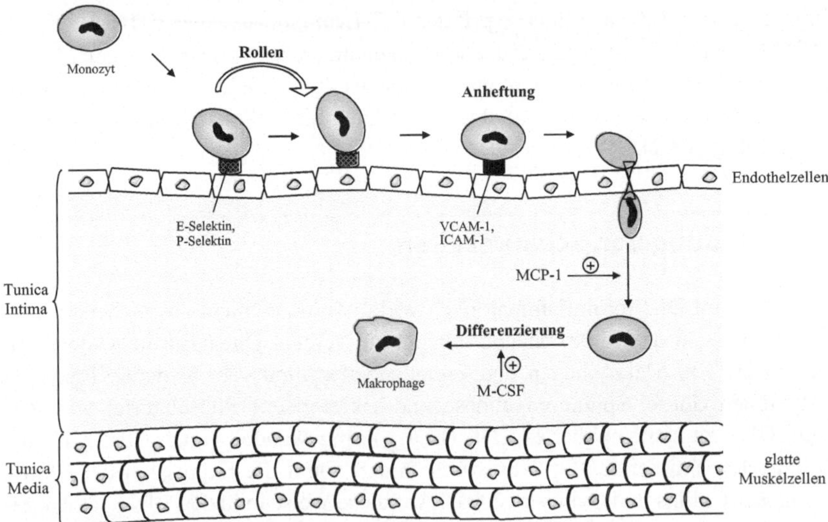

Abb. 2.3 Rekrutierung der Monozyten in die Tunica Intima und Differenzierung zu Makrophagen (Modifiziert nach Woollard und Geissmann 2010). *VCAM-1* vascular cell adhension molecule-1, *ICAM-1* intercellular adhension molecule-1, *MCP-1* monocyte chemoattractant protein-1, *M-CSF* macrophage colony-stimulating factor

Tab. 2.1 Übersicht über die an der Rekrutierung der Monozyten und deren Differenzierung zu Makrophagen beteiligten Moleküle sowie deren Funktionen

Molekül	Molekulargewicht (kDa)	Funktion
E-Selektin	130	Rekrutierung der Mono-zyten aus dem Blut an die Endotheloberfläche
P-Selektin	140	
Vaskuläres Zelladhäsions-molekül-1 (VCAM-1)	100–110	Anheftung der Monozyten an die Endotheloberfläche
Interzelluläres Adhäsions-molekül-1 (ICAM-1)	90–110	Anheftung der Monozyten an die Endotheloberfläche; Rekrutierung der T-Lympho-zyten aus dem Blut an die Endotheloberfläche
Monozyten-Chemoattraktor Protein-1 (MCP-1)	9–13	Regulation der Chemotaxis der Monozyten im atheros-klerotischen Gewebe
Makrophagen Kolonie-stimulierender Faktor (M-CSF)	Unterscheidung zwischen:	Stimulierung der Prolifera-tion und Koloniebildung der Monozyten und deren Diffe-renzierung zu Makrophagen
	Homodimer: 80	
	Multimer, gebunden an andere Glycoproteine: >200	

bindet. In der Tunica intima exprimieren T-Lymphozyten den CD40-Liganden (CD40L, auch CD154 genannt) und können damit an den vornehmlich von Makrophagen präsentierten CD40-Rezeptor binden, wodurch die Expression von MMPs, Thromboplastin (*tissue factor*) und proinflammatorischen Zytokinen induziert wird (Libby 2002).

2.3 Bildung von Schaumzellen

Obwohl $mmLDL_{ox}$ proinflammatorisch wirkt, wurde es nicht ausreichend modifiziert, um von den Makrophagen erkannt zu werden. Unter Einfluss von ROS, produziert von Makrophagen und Endothelzellen, und verschiedenen Enzymen (Myeloperoxidase, Sphingomyelinase und sekretorische Phosphatase) wird das $mmLDL_{ox}$ zu stark oxidiertes LDL (LDL_{ox}) umgewandelt (Lusis 2000). In den Monozyten aktiviert LDL_{ox} NFκB und fördert somit die Expression der NFκB-Zielgene (Collins und Cybulsky 2001). Auf diese Weise induziert LDL_{ox} atherogene Mechanismen und trägt zu deren Verstärkung bei. Die Makrophagen präsentieren auf ihrer Oberfläche Scavenger Rezeptoren, von denen der Scavenger Rezeptor A und CD36 (ein Scavenger Rezeptor der Klasse B) die wichtigsten Rezeptoren für die Bindung und anschließende Aufnahme des LDL_{ox} darstellen (Woollard und Geissmann 2010). Die Expression der Scavenger Rezeptoren in Makrophagen, die von Zytokinen wie TNF-α (Tumornekrosefaktor-α), IL-1β, IFN-γ und M-CSF reguliert wird (Libby 2002; Lusis 2000), wird jedoch nicht rückkoppelnd gehemmt, wodurch es zur unkontrollierten LDL_{ox}-Aufnahme und schließlich zur Konvertierung der lipidgefüllten Makrophagen zu Schaumzellen kommt. Diese Schaumzellen charakterisieren das frühe Stadium atherosklerotischer Läsionen. Durch Ansammlung und Apoptose der Schaumzellen entsteht ein nekrotischer, lipidreicher Kern in der Gefäßwand. Diese extrazellulären Fettablagerungen werden auch als Fettstreifen (*fatty streaks*) bezeichnet (Lusis 2000; Abb. 2.4).

Die Sekretion weiterer proinflammatorischer Zytokine und ROS durch die Schaumzellen erhält die Entzündungsreaktion aufrecht (Libby 2002).

Die Oxidation von LDL-Partikeln gilt als Schlüsselereignis für die Entstehung einer Atherosklerose. Als Gegenspieler zu LDL im Cholesteroltransport kommt dem HDL eine große Bedeutung im Schutz vor Atherosklerose und KHK zu. Die Ergebnisse intensiver Forschung zeigen, dass die protektiven Effekte des HDL jedoch nicht ausschließlich auf den reversen Cholesteroltransport zurückzuführen sind. Eng mit HDL assoziiert ist die Paraoxonase1 (PON-1). Diese calciumabhängige Esterase ist stark lipophil und wird daher, nach ihrer Synthese in der Leber,

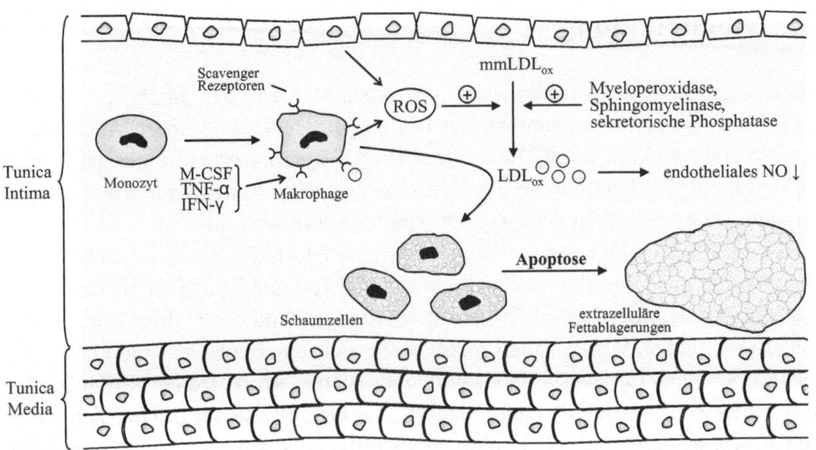

Abb. 2.4 Wandlung der Makrophagen zu Schaumzellen und Formierung der Fettstreifen (Modifiziert nach Lusis 2000). *M-CSF* macrophage colony-stimulating factor, *TNF-α* Tumornekrosefaktor-α, *IFN-γ* Interferon-γ, *ROS* reaktive Sauerstoffspezies, *mmLDL$_{ox}$* minimal oxidiertes low density lipoprotein, *LDL$_{ox}$* stark oxidiertes low density lipoprotein

an HDL gebunden im Plasma transportiert (Soran et al. 2009). Während die native Funktion der PON-1 noch unbekannt ist, zeigten verschiedene Studien einen Einfluss der PON-1 auf LDL$_{ox}$-Spiegel und die Atherogenese. Im Tiermodell entwickelten PON-1-Knockout-Mäuse unter den Bedingungen einer atherogenen Diät signifikant häufiger eine Atherosklerose aus als Mäuse des Wildtyps. Äquivalent dazu zeigten Humanstudien eine inverse Beziehung zwischen der PON-1-Aktivität und dem Auftreten kardiovaskulärer Erkrankungen. Begründet sind diese protektiven Effekte der PON-1 in der Hydrolyse oxidierter Lipide und damit verbundener Umwandlung von LDL$_{ox}$ in natives LDL. Des Weiteren hemmt PON-1 die Schaumzellbildung durch Verringerung der LDL$_{ox}$-Aufnahme durch Makrophagen sowie die Cholesterolbiosynthese der Makrophagen (Aviram und Rosenblat 2004). Infolge des reduzierten LDL$_{ox}$-Levels wird vermutlich auch die LDL$_{ox}$-induzierte Bildung von MCP-1 durch vaskuläre Endothelzellen gehemmt.

Verschiedene Parameter wie Lebensstil, Umwelt und Ernährungsfaktoren (z. B. Flavonoide) können die PON1-Aktivität im Serum bzw. die PON-1-Expression in der Leber beeinflussen (Ferre et al. 2003). Aktuelle Interventionsstudien zur Reduzierung des KHK-Risikos zielen daher auf eine Induktion der PON1 durch Nahrungsfaktoren ab.

2.4 Plaquebildung

Plaques enthalten einen lipidreichen, nekrotischen Kern, der durch eine fibröse Kappe vom Blutstrom getrennt ist. Zur Bildung dieser Kappe werden Wachstumsfaktoren und Zytokine durch Makrophagen und T-Lymphozyten freigesetzt (Libby 2002). Tabelle 2.2 listet einige der Zytokine und Wachstumsfaktoren auf, die an den komplexen zellulären Prozesse der Atherogenese beteiligt sind.

Bei der Plaquebildung stimulieren proinflammatorische Zytokine und Wachstumsfaktoren die Migration glatter Muskelzellen von der Tunica media in die Tunica intima sowie deren Proliferation und Kollagensynthese (Libby 2002; Lusis 2000). Die glatten Muskelzellen lokalisieren sich unterhalb des Endothels. Zur weiteren Stabilisierung des Plaques bilden die glatten Muskelzellen Kollagen, das sich in den Zellzwischenräumen ablagert. Die Gefäßwand vergrößert sich dabei nach außen, wodurch das Arterienlumen weitestgehend konstant bleibt. Durch die Bildung der fibrösen Kappe, die vor allem durch interstitielles Kollagen stabilisiert wird, verdickt sich die Läsion (Abb. 2.5).

Tab. 2.2 Zytokine und Wachstumsfaktoren, die in der Atherogenese von Bedeutung sind (Dean und Kelly 2000)

Zytokine	**Wachstumsfaktoren**
Interleukine proinflammatorisch: IL-1, IL-6, IL-8, IL-17, IL-18 antiinflmmatorisch: IL-4, IL-10, IL-11	Fibroblasten-Wachstumsfaktoren (*fibroblast growth factors*): FGF-1, FGF-2
Kolonie-stimulierende Faktoren (*colony-stimulating factors*): G-CSF, M-CSF, GM-CSF	Kolonie-stimulierende Faktoren (*colony-stimulating factors*): GM-CSF, M-CSF
Chemokine: MCP-1, IL-8, CCL5, Gro-α	Insulinähnlicher Wachstumsfaktor-1 (*insulin-like growth factor-1*)
Tumornekrosefaktor-α	Blutplättchenwachstumsfaktoren (*platelet-derived growth factors*): PDGF-A, PDGF-B
Interferon-γ	Transformierender Wachstumsfaktor (*transforming growth factor*)
	Vaskulärer endothelialer Wachstumsfaktor (*Vascular endothelial growth factor*)/ Vaskulärer Permeabilitätsfaktor (*vascular permeability factor*)

G-CSF granulocyte colony-stimulating factor, *M-CSF* macrophage colony-stimulating factor, *GM-CSF* granulocyte macrophage colony-stimulating factor, *MCP-1* monocyte chemoattractant protein-1, *CCL5* chemokine (C-C motif) ligand 5, *Gro-α* growth-related oncogene-α

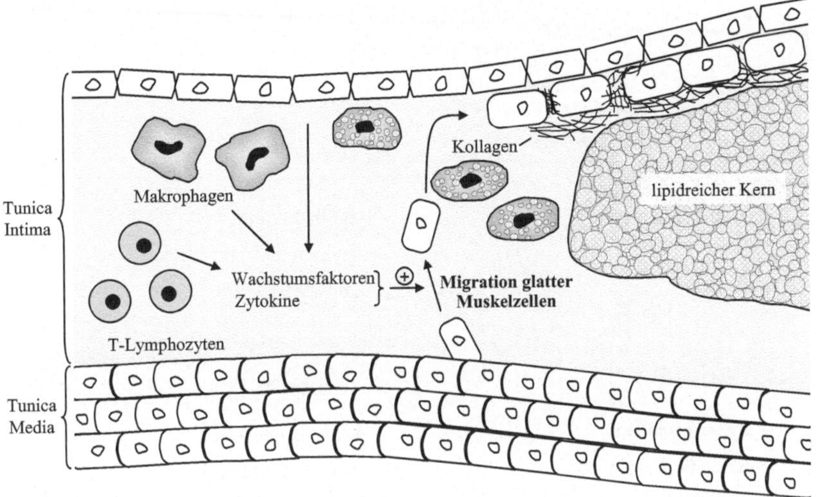

Abb. 2.5 Migration der glatten Muskelzellen in die Tunica Intima zur Synthese des interstitiellen Kollagens und Bildung der fibrösen Kappe (Modifiziert nach Lusis 2000)

Bei der Plaquebildung unterscheidet man zwischen instabilen und stabilen Plaques (Libby 2001). Unter fortschreitender Inflammation und Dyslipidämie vergrößert sich der lipidreiche Kern. Proteinasen, freigesetzt durch aktivierte Leukozyten, bauen die extrazelluläre Matrix ab, während proinflammatorische Zytokine wie TNF-α, IL-1β und IFN-γ die Kollagensynthese der glatten Muskelzellen hemmen. Die daraus entstehenden instabilen Plaques weisen einen großen Lipidkern und eine dünne fibröse Kappe auf. Sie sind durch eine erhöhte Entzündungsaktivität charakterisiert und bergen ein erhöhtes Risiko einer Plaqueruptur. Im Gegensatz dazu sind die stabilen Plaques durch einen kleinen Lipidkern und eine dicke fibröse Kappe gekennzeichnet, sodass das Risiko einer Plaqueruptur geringer ist (Libby 2002; Abb. 2.6).

2.5 Plaqueruptur

Kollagen ist überwiegend resistent gegenüber einen proteolytischen Spaltung (Libby 2002). Makrophagen, Endothelzellen und glatte Muskelzellen produzieren jedoch auch spezielle Matrix-Metalloproteinasen (MMPs), die die extrazelluläre Matrix abbauen und somit die fibröse Kappe der Plaques schwächen können.

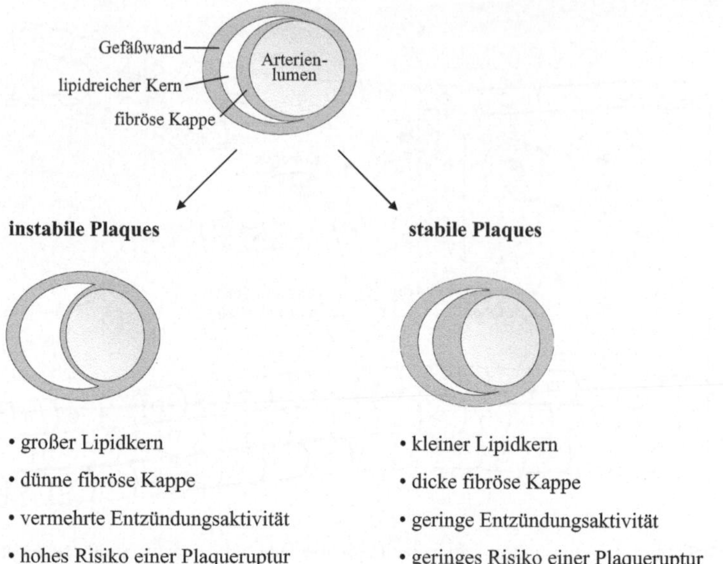

Abb. 2.6 Vergleich zwischen instabilen und stabilen Plaques (Modifiziert nach Libby 2002)

In atherosklerotischen Plaques wurde eine erhöhte Expression der drei humanen interstitiellen Kollagenasen MMP-1, MMP-8 und MMP-13 nachgewiesen. Diese interstitiellen Kollagenasen bewirken eine initiale Spaltung des Kollagens, die anschließend durch Gelatinasen (MMP-2 und -9) fortgesetzt wird. Proinflammatorische Zytokine fördern den Kollagenabbau - so steigern IL-1β und TNF-α beispielsweise die Expression der MMP-9 in den genannten Zelltypen.

Während einer chronischen Entzündung in der Tunica intima ist die Kollagensynthese der glatten Muskelzellen, die für Reparaturen der fibrösen Kappe benötigt wird, reduziert. Durch den zudem gesteigerten Kollagenabbau durch die MMPs wird die Struktur der fibrösen Kappe zusätzlich geschwächt und die Anfälligkeit für eine Plaqueruptur nimmt zu, wenn die fibröse Kappe hämodynamischem Stress ausgesetzt wird (Libby 2002).

Bei einem Plaqueabriss kommt es zum Kontakt zwischen dem im Blut zirkulierenden Faktor VIIa der Gerinnungskaskade und Thromboplastin, dessen Expression und Aktivität in Endothelzellen, vaskulären glatten Muskelzellen und Monozyten unter anderem durch Zytokine wie TNF-α und proinflammatorische Interleukine sowie Wachstumsfaktoren induziert wird. Während Monozyten bereits in der frühen Phase der Atherogenese eine gesteigerte Thromboplastinexpression aufzeigen, tritt dieser Effekt bei Schaumzellen, Endothelzellen und glatte Muskelzellen erst in späteren Stadien auf. Kommt es zu einer Plaqueruptur, wird zudem eine große Menge mikropartikelgebundenes Thromboplastin aus dem nekrotischen Kern freigesetzt. Durch Bindung des zirkulierenden Faktor VIIa an Thromboplastin werden die Faktoren IX und X aktiviert, die schließlich in der für die Blutgerinnung essentiellen Thrombinsynthese resultiert. Somit fungiert Thromboplastin als Initiator der Gerinnungskaskade. Folge der Blutgerinnung und Thrombozytenaktivierung wird ein Thrombus gebildet, der die Gefäßverletzung verschließt (Lusis 2000; Abb. 2.7).

Der Thrombus selbst kann in Folge der Wundheilung durch endogene oder aber auch durch eine therapeutisch erzielte Thrombolyse wieder abgebaut werden. Bei der endogenen Wundheilung wird die Migration und Proliferation glatter Muskelzellen durch Thromboplastin stimuliert. Die im Verlauf der Blutgerinnung aktivierten Thrombozyten setzen dabei PDGF (*platelet-derived growth factor*, Blutplättchenwachstumsfaktor) frei, der die Migration glatter Muskelzellen aus der Tunica media in die Tunica intima stimuliert, sowie TGF-β (*transforming growth factor-β*, transformierenden Wachstumsfaktor), der die Produktion interstitiellen Kollagens stimuliert. Die gesteigerte Migration und Proliferation glatter Muskelzellen sowie

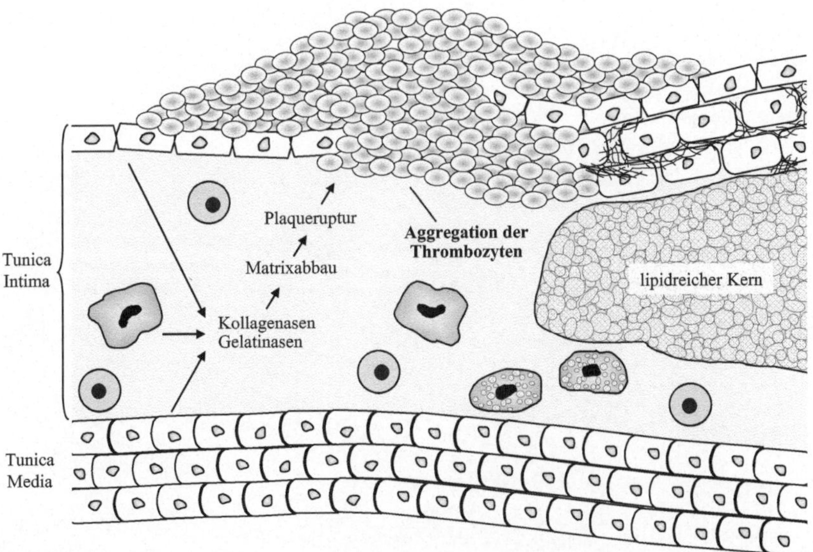

Abb. 2.7 Verschluss eines Plaqueabrisses durch einen Thrombus (Modifiziert nach Lusis 2000)

deren Synthese extrazellulärer Matrix verdicken die Tunica intima. Eine verheilte Plaqueruptur ist somit durch eine nach innen verdickte, fibröse Tunica intima und ein verengtes Arterienlumen gekennzeichnet. Als Folge des beeinträchtigten Blutstromes kann sich eine Ischämie oder eine Angina Pectoris entwickeln (Libby 2002). Es besteht jedoch auch die Gefahr, dass der Thrombus das Blutgefäß vollständig verschließt, woraus ein akuter Mykardinfarkt resultieren kann (Libby 2002).

Stickstoffmonoxid-Synthasen (NOS) und deren Bedeutung in der Pathogenese kardiovaskulärer Erkrankungen

3

Die Stickstoffmonoxid-Synthasen (NOS) werden in die drei Isoformen unterteilt: endotheliale NOS (eNOS), induzierbare NOS (iNOS) und neuronale NOS (nNOS). Allen drei Formen ist die katalytische Umwandlung von L-Arginin zu L-Citrullin gemeinsam, bei der als Nebenprodukt Stickstoffmonoxid (NO) entsteht. Als Cosubstrate dieser Reaktion dienen reduziertes Nikotinamidadenindinukleotidphosphat (NADPH) und molekularer Sauerstoff (Abb. 3.1). Zu den Redoxfaktoren der NO-Synthese zählen Eisen-(II)-haltiges Häm, Tetrahydrobiopterin, Flavinmononukleotid (FMN), Flavinadenindinukleotid (FAD) und reduzierte Thiole.

Entsprechend wird zwischen endothelialem, induzierbarem und neuronalem NO differenziert. Die meisten Effekte des endothelialen NO im Hinblick auf die Atherogenese sind protektiv und steuern zur Aufrechterhaltung der kardiovaskulären Homöostase bei. Allerdings kann eine chronische Überproduktion von NO durch Makrophagen die Entwicklung kardiovaskulärer Erkrankungen fördern (Hofmann et al. 2006). Eigenschaften und Funktionen von eNOS und iNOS sind in Tab. 3.1 zusammengefasst.

Die eNOS-Aktivität wird primär durch die Bindung an das Ca^{2+}-bindende Regulatorprotein Calmodulin und dementsprechend durch die Calciumkonzentration gesteuert. Im Gegensatz dazu ist die iNOS-Aktivität, die unter basalen Bedingungen nicht nachweisbar ist, aufgrund der hohen Bindungsaffinität an Calmodulin von diesem Faktor unabhängig. Charakteristisch für die iNOS sind außerdem eine NFκB-vermittelte Induktion der Expression durch proinflammatorische Zytokine (Ginnan et al. 2008) sowie eine konstante NO-Produktion über einen langen Zeitraum (Stunden bis Tage), wohingegen die endotheliale NO-Synthese in kurzen Phasen (Sekunden bis Minuten) induziert wird.

© Springer Fachmedien Wiesbaden 2014
I. Kuhlmann, et al., *Prävention kardiovaskulärer Erkrankungen
und Atherosklerose*, essentials, DOI 10.1007/978-3-658-08359-5_3

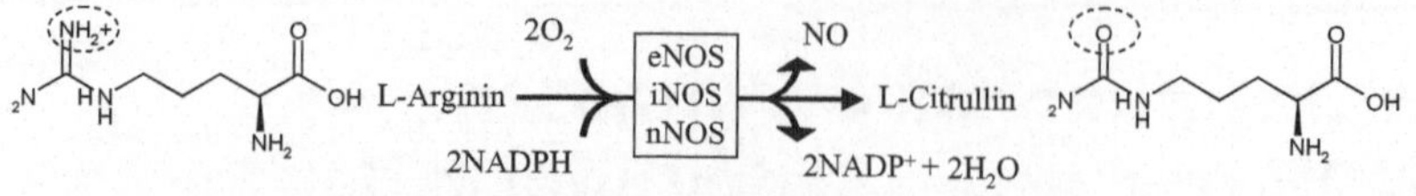

Abb. 3.1 Synthese des Stickstoffmonoxids (NO) aus L-Arginin durch die Stickstoffmonoxid-Synthase (NOS). (*NO* Stickstoffmonoxid, *NADPH* reduzierte Form des Nikotinamid-Adenin-Dinukleotid-Phosphats, *NADP+* oxidierte Form des Nikotinamid-Adenin-Dinukleotid-Phosphats)

Tab. 3.1 Eigenschaften der endothelialen (eNOS) und induzierbaren (iNOS) Stickstoffmonoxid-Synthase (Modifiziert nach Xu und Liu 1998)

	eNOS	**iNOS**
Synonym	NOS 3, NOS III	NOS 2, NOS II
Molekulargewicht (kDa)	133	130
Zellen der Expression	Vaskuläre Endothelzellen	Immunaktivierte Makrophagen, glatte Muskelzellen, Endothelzellen
Regulation durch Ca^{2+} und Calmodulin-Bindung	Ja	Nein
Zytokinregulation	Schwach	Stark
NO-Produktion	Gering	Hoch
Schlüsselfunktionen	Vasodilatation	Immunoregulation
	Hemmung der Thrombozytenaggregation	Entzündung
	Hemmung der Proliferation glatter Gefäßmuskelzellen	Gewebeschädigung

3.1 Funktionen der iNOS

Das von der iNOS gebildete NO entsteht nur in immunaktivierten Zellen. Im inflammatorischen Gewebe, wie es bei der Entwicklung einer Atherosklerose vorliegt, ist die iNOS die überwiegende Quelle des NO. Die Atherogenese geht mit zunehmender endothelialer Dysfunktion und einer folglich abnehmenden eNOS-Aktivität einher. Zur Aufrechterhaltung des NO-Spiegels wird der Funktionsverlust der eNOS durch eine rapide Steigerung der iNOS-Expression im atherosklerotischen Gewebe kompensiert. Eine iNOS-Expression ist bereits ab der frühen Phase der Fettstreifenbildung zu beobachten. Mit fortschreitender Plaquebildung nimmt die iNOS-Expression in Makrophagen und glatten Muskelzellen zu. Jedoch reagiert die hohe NO-Konzentration im inflammatorischen Umfeld, das reich an

ROS wie Superoxidanionen ist, zu Peroxynitrit (ONOO⁻), wobei die Halbwertzeit eines NO-Moleküls aufgrund der hohen Reaktionsgeschwindigkeit sehr gering ist. Als potentes Oxidans ist Peroxynitrit in der Lage, Proteine oder Lipide oxidativ zu schädigen. Eine chronische Überproduktion von NO durch iNOS führt zu Inflammation, endothelialer Dysfunktion und Gewebsschädigung (Ginnan et al. 2008).

3.2 Funktionen der eNOS

Im gesunden Gewebe stellt das Endothel und damit die eNOS die dominierende NO-Quelle dar (Ginnan et al. 2008). Endotheliales NO wirkt antiatherogen und schützt die Gefäßwände vor atherogenen Läsionen (Davier 2000; Pan 2009). Als dessen Schlüsselfunktion in der Prävention einer Atherosklerose gilt die Relaxation der glatten Gefäßmuskelzellen und damit die Reduktion des Blutdrucks. Endotheliales NO bewirkt über den Signalweg des zyklischen Guanosinmonophosphats (cGMP) eine Vasodilatation der Gefäße. Dabei diffundiert NO aus den Endothelzellen zu den angrenzenden glatten Gefäßmuskelzellen und aktiviert dort die lösliche Guanylatzyklase (sGC), die als intrazellulärer Rezeptor für NO fungiert. Infolge der sGC-Aktivierung steigt der cGMP-Spiegel, woraus eine Aktivierung der cGMP-abhängigen Proteinkinase Typ I (cGKI, auch Protein Kinase G, PKG oder PRKG genannt) resultiert. Im kardiovaskulären System stellt die cGKI mit ihren Isoformen cGKIα und cGKIβ die häufigste cGMP-abhängige Proteinkinase dar und wird vor allem in den glatten Gefäßmuskelzellen, Thrombozyten und Kardiomyozyten gebildet.

Der Tonus der glatten Gefäßmuskelzellen wird durch die zytosolische Ca^{2+}-Konzentration reguliert. Bei einer Erhöhung der Ca^{2+}-Konzentration, entweder durch einen gesteigerten Ca^{2+}-Einfluss oder eine Ca^{2+}-Freisetzung aus intrazellulären Depots, kontrahieren die Muskelzellen. Eine Relaxation tritt bei abgesenkter Ca^{2+}-Konzentration ein. Als zentrales Enzym des NO-Signalweges verhindert die cGKI über mehrere Wege einen Anstieg der Ca^{2+}-Konzentration und damit eine Kontraktion der glatten Gefäßmuskelzellen. Die cGKIβ liegt in einem Komplex mit dem Inositol 1,4,5-Triphosphat (IP_3) Rezeptor Typ 1 (IP_3RI)und dem IP_3-assoziiertem cGKI-Substrat (IRAG) vor. Eine Phosphorylierung von IRAG durch cGKIβ unterbindet die IP_3-induzierte und hormonrezeptorvermittelte Ca^{2+}-Freisetzung aus den intrazellulären Depots (Hofmann et al. 2006).

Eines der möglichen Substrate der Membranrezeptoren ist Angiotensin II, eine der stärksten blutsrucksteigernden Substanzen im humanen Organismus.

Ergänzend dazu ist vermutlich auch die cGKIα in der Lage, die IP_3-induzierte und hormonrezeptorvermittelte Ca^{2+}-Freisetzung zu hemmen, indem sie an den

Regulator der G-Protein-Signalübermittlung 2 (RGS 2) bindet, diesen durch Phosphorylierung aktiviert und damit die Signalweiterleitung der rezeptorgebundenen Kontraktionsagonisten unterbricht. Ein weiteres Ziel der cGKI sind die membranständigen Ionenkanäle. Die cGKI steigert die Durchlässigkeit der Ca^{2+}-aktivierten K^+-Kanäle mit hoher Leitfähigkeit (BK_{Ca}-Kanäle) entweder über direkte Phosphorylierung oder indirekt über die Regulation einer Proteinphosphatase. Die Öffnung der BK_{Ca}-Kanäle resultiert in einer Hyperpolarisierung des Membranpotenzials, woraufhin sich die spannungsabhängigen Ca^{2+}-Kanäle schließen und der Ca^{2+}-Einstrom unterbunden wird (Hofmann et al. 2006).

Neben der Regulation der intrazellulären Ca^{2+}-Konzentration nimmt die cGKIα auch direkten Einfluss auf den Kontraktionsvorgang. Während einer Kontraktion kommt es infolge der Phosphorylierung der Myosinleichtkette (*myosin light chain*, MLC) durch die MLC-Kinase zur Aktivierung der Actomyosinbindung und schließlich zur Kontraktion der glatten Gefäßmuskelzellen. Bei konstanter Ca^{2+}-Konzentration aktiviert die cGKIα die MLC-Phosphatase, die als Antagonist der MLC-Kinase MLC dephosphoryliert und somit zur Relaxation der glatten Gefäßmuskelzellen führt (Hofmann et al. 2006). Abbildung 3.2 fasst die Mechanismen der Vasodilatation durch das endotheliale NO zusammen.

Neben dem vasodilatorischen Effekt reduziert endotheliales NO die Expression der Adhäsionsproteine und unterbricht durch Reaktion mit Lipidradikalen die Radikal-Kettenreaktion, wodurch die Lipidoxidation gemindert wird. Weitere Funktionen sind die Hemmung der Proliferation glatter Muskelzellen, die bei der Plaquebildung von Bedeutung sind, und der Thrombozytenaggregation. In den Thrombozyten steigert NO die Bildung von cGMP durch die cGS und aktiviert damit die cGKIβ. Durch Phosphorylierung der beiden cGKIβ-Substrate IRAG und VASP (vasodilatorstimuliertes Phosphoprotein), die in den Thrombozyten in hoher Konzentration vorhanden sind, wird die Thrombozytenaktivierung und damit deren Aggregation gehemmt (Hofmann et al. 2006).

Die beschriebenen antiatherogenen Effekte setzen eine ausreichende Bioverfügbarkeit des endothelialen NO voraus. Eine verringerte Verfügbarkeit ist mit endothelialer Dysfunktion assoziiert und kann sowohl in einer verminderten Genexpression der eNOS, einer Minderung der eNOS-Aktivität, einer NO-Degradierung durch ROS als auch einem Mangel an Cofaktoren oder Substrat begründet sein. Das Substrat L-Arginin ist dabei ein limitierender Faktor in der NO-Synthese. Da L-Arginin in den Endothelzellen nicht nur durch eNOS zu NO umgewandelt wird, sondern auch über die Arginase zu Harnstoff und L-Ornithin metabolisiert werden kann, konkurrieren eNOS und Arginase um das Substrat. Folglich wird die NO-Synthese gemindert. Eine erhöhte Expression der Arginase oder eine erhöhte Arginase-Aktivität können somit endotheliale Dysfunktionen in verschiedenen kardiovaskulären Erkrankungen wie der Atherosklerose begünstigen.

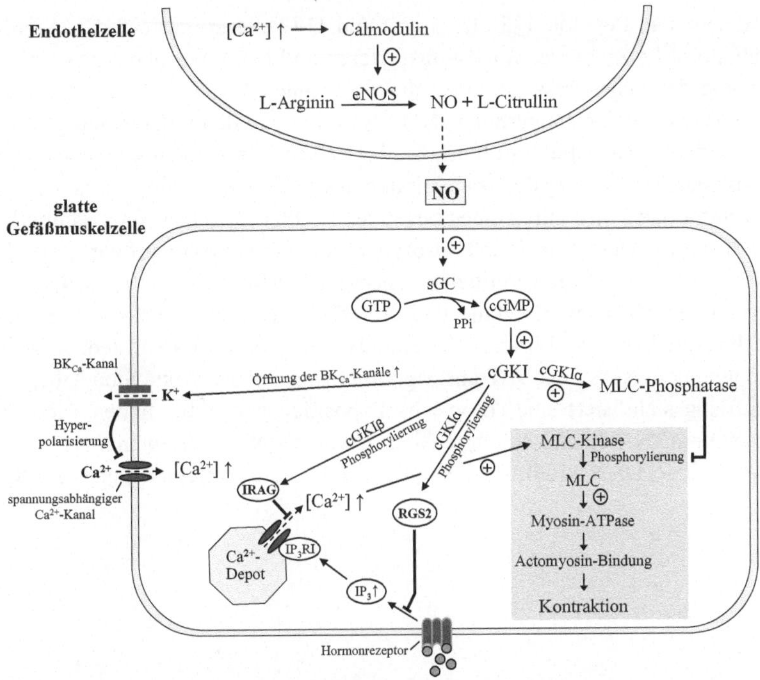

Abb. 3.2 Endotheliales NO verhindert über den Signalweg der cGMP-abhängigen Protein Kinase Typ I (cGKI) die Kontraktion der glatten Gefäßmuskelzellen. (*NO* Stickstoffmonoxid, *eNOS* endotheliale Stickstoffmonoxid-Synthase, *sGC* lösliche Guanylatzyklase, *GTP* Guanosintriphosphat, *cGMP* zyklisches Guanosinmonophosphat, *cGKI* cGMP-abhängige Protein Kinase Typ I, *BK$_{Ca}$-Kanäle* Ca²⁺-aktivierten K⁺-Kanäle mit hoher Leitfähigkeit, *IRAG* IP$_3$-assoziiertes cGKI-Substrat, *IP$_3$* Inositol 1,4,5-Triphosphat, *IP$_3$RI* IP$_3$-Rezeptor Typ 1, *RGS2* Regulator der G-Protein-Signalübermittlung 2, *MLC* myosin light chain)

3.3 Wirkung des Scherstresses auf die eNOS-Aktivität und Stabilität der eNOS-mRNA

Mittels *in vitro*-Versuchen konnte gezeigt werden, dass die Zunahme des endothelialen NOs unter laminarem Scherstress zum einen auf eine vorübergehend verstärkte eNOS-Expression und eNOS-Aktivität und zum anderen auf eine langfristig erhöhte Stabilität der eNOS-mRNA zurückzuführen ist. Kurzfristig erhöht der laminare Scherstress die intrazelluläre Ca²⁺-Konzentration, eNOS bindet an Calmodulin und durch die resultierende Konformationsänderung wird das Enzym aktiviert. Parallel dazu kann die eNOS-Aktivität auch durch Phosphorylierung des Enzyms an Position 495 (Threonin) und 1177 (Serin) gesteigert werden. Inflammatorische Zytokine, Wachstumsfaktoren und Hormone, aber auch eine Veränderung des Scherstresses können diese Phosphorylierungen induzieren (Shaul 2002). Beide Effekte steigern die eNOS-Aktivität und damit die Bildung von NO im Endothel. Ergänzend dazu führte laminarer Scherstress *in vitro* zu einer NFκB-vermittelten Verstärkung der Transkription des eNOS-Gens. Die endotheliale NO-Konzentrationen wird durch einen negativen Feedbackmechanismus reguliert, bei dem die NFκB-Untereinheit p50 nitrosyliert und NFκB inaktiviert wird. Auf diese Weise werden die NFκB-vermittelten atherogenen Effekte, wie die gesteigerte Expression der Adhäsionsmoleküle und proinflammatorischen Zytokine, gehemmt und die antiatherogene Wirkung des endothelialen NO überwiegt. Jedoch war die Erhöhung der eNOS mRNA-Transkription *in vitro* auf etwa eine Stunde begrenzt. Langfristig stabilisiert eine chronische Exposition gegenüber hohen Scherstress die eNOS mRNA durch vermehrte Bildung von eNOS-Trankripten mit langem 3' Poly(A)-Ende. Diese Modifikation verlängert die Halbwertszeit der eNOS-mRNA.

Risikofaktoren 4

Die Entstehung einer Atherosklerose ist mit einer Vielzahl an Risikofaktoren assoziiert, die sich in nicht beeinflussbare und beeinflussbare Faktoren unterteilen lassen (Tab. 4.1).

4.1 Nicht beeinflussbare Risikofaktoren

Das Alter stellt den stärksten unabhängigen Risikofaktor für Herz-Kreislauf-Erkrankungen dar. Ab dem 55. Lebensjahr verdoppelt sich mit jeder weiteren Dekade das Risiko für einen Schlaganfall.

Da Herz-Kreislauf-Erkrankungen einen vielschichtigen Krankheitskomplex darstellen, an dessen Entstehung eine Vielzahl unterschiedlicher Gene beteiligt ist, hat die genetische Prädisposition eine nicht unerhebliche Bedeutung als nicht beeinflussbarer Risikofaktor. Ein erhöhtes Risiko besteht, wenn männliche Verwandte ersten Grades vor ihrem 55. Lebensjahr und weibliche Verwandte ersten Grades vor ihrem 65. Lebensjahr an KHK erkranken oder einen Schlaganfall erleiden. Unter den involvierten Genen ist besonders das Gen zu nennen, welches Apolipoprotein E (ApoE) codiert, da der ApoE-Genotyp entscheidend die Plasmalipidspiegel beeinflusst und sich somit auf das Risiko für Herz-Kreislauf-Erkrankungen auswirkt (siehe Kap. 6).

© Springer Fachmedien Wiesbaden 2014
I. Kuhlmann, et al., *Prävention kardiovaskulärer Erkrankungen und Atherosklerose*, essentials, DOI 10.1007/978-3-658-08359-5_4

Tab. 4.1 Risikofaktoren für die Entwicklung einer Atherosklerose

Nicht beeinflussbare Risikofaktoren	Beeinflussbare Risikofaktoren
Geschlecht	Cholesterolspiegel
Alter	Arterieller Bluthochdruck
Genetische Prädisposition	Übergewicht
Ethnische Herkunft	Geringe körperliche Aktivität
	Rauchen
	Diabetes mellitus

4.2 Beeinflussbare Risikofaktoren

Die Norm- sowie Grenzwerte für die die Cholesterolspiegel, arteriellen Blutdruck und Übergewicht sind in Tab. 4.2 aufgelistet.

Tab. 4.2 Norm-, Grenz und bedenkliche Werte der beeinflussbaren Risikofaktoren Cholesterolspiegel, arterieller Blutdruck und Übergewicht (Robert Koch-Institut 2002; Birtcher und Ballantyne 2004)

Beeinflussbarer Risikofaktor	Normwert	Grenzwert	Bedenklicher Wert
Cholesterolspiegel			
Gesamtcholesterol	<200 mg/dl (<5,2 mmol/l)	200–239 mg/dl (5,2–6,2 mmol/l)	≥240 mg/dl (≥6,2 mmol/l)
LDL	<130 mg/dl (<3,4 mmol/l)	130–159 mg/dl (3,4–4,1 mmol/l)	≥160 mg/dl (≥4,1 mmol/l)
HDL	≥60 mg/dl (≥1,6 mmol/l)	Männer: 40–59 mg/dl (1,0–1,6 mmol/l) Frauen: 50–59 mg/dl (1,3–1,6 mmol/l)	Männer: 40 mg/dl (1,0 mmol/l) Frauen: 50 mg/dl (1,3 mmol/l)
Arterieller Bluthochdruck			
Systole	<140 mmHg	140–160 mmHg	>160 mmHg
Diastole	<90 mmHg	90–95 mmHg	>95 mmHg
Übergewicht	<25 kg/m^2	25 bis <30 kg/m^2	≥30 kg/m^2

Bedeutung von Nahrungsfaktoren für die Gefäßgesundheit 5

In der Prävention von Herz-Kreislauf-Erkrankungen hat eine „gesunde" Ernährung einen besonderen Stellenwert und es gibt entsprechende Empfehlungen (Tab. 5.1).

Nahrungsfaktoren für die Gefäßgesundheit beeinflussen in Endothelzellen, Makrophagen, glatten Muskelzellen und Thrombozyten unterschiedliche molekulare Targets und verhindern damit den Prozess der Atherogenese oder verzögern diesen entscheidend (Abb. 5.1).

© Springer Fachmedien Wiesbaden 2014
I. Kuhlmann, et al., *Prävention kardiovaskulärer Erkrankungen und Atherosklerose*, essentials, DOI 10.1007/978-3-658-08359-5_5

Tab. 5.1 Empfehlungen für eine gesunde Ernährung zur Prävention von Herz-Kreislauf-Erkrankungen (WHO 2007)

Basis der gesunden Ernährung	Mediterrane oder asiatische Kost
	Viele Vollkornprodukte, frisches Obst und Gemüse, Nüsse, pflanzliche Öle und frischer Seefisch
	Wenig Fleisch und tierische Fette
	Kaloriengerecht
Fett	<30 % der Kalorien
Fettsäuren:	
Mehrfach ungesättigte Fettsäuren	<10 % der Kalorien
Einfach ungesättigte Fettsäuren	10–15 % der Kalorien
Gesättigten Fettsäuren	<10 % der Kalorien
Transfettsäuren	Vermeiden
Cholesterin	<300 mg/Tag
Ballaststoffe	>20 g/Tag
Salzkonsum	<5 g/Tag
Alkoholkonsum	<30 g/Tag bei Männern
	<20 g/Tag bei Frauen

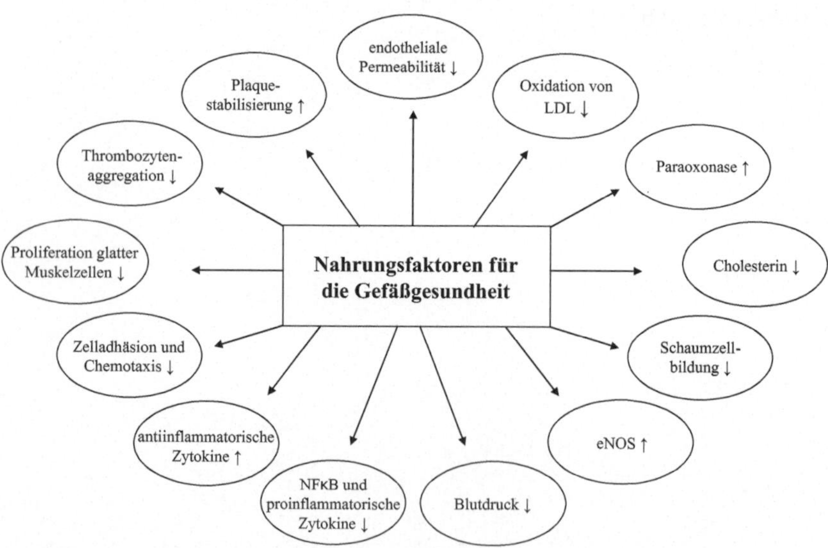

Abb. 5.1 Mechanismen und zelluläre sowie molekulare Targets, über die Nahrungsfaktoren die Gefäßgesundheit positiv beeinflussen können

Apolipoprotein E-Genotyp und Gefäßgesundheit

6

Apolipoprotein E (ApoE) wird zu etwa 60 % in der Leber synthetisiert, aber auch das Gehirn und Makrophagen zählen zu den wichtigen Syntheseorten dieses Lipoproteins. Als eine Hauptkomponente der Lipoproteine ist ApoE wesentlich am Cholesterol- und Lipidtransport beteiligt und vermittelt dabei als Ligand die Bindung der Lipoproteine an Rezeptoren, vorwiegend an Rezeptoren der LDL-Rezeptor-Familie. Unabhängig von der Bedeutung im Lipoproteinstoffwechsel wurden weitere Funktionen des ApoE identifiziert. In den atherosklerotischen Plaques sind Monozyten in der Lage, nach einer Aktivierung signifikante Mengen von bis zu 20 % des gesamten ApoE zu bilden. Dieses induzierte ApoE vermittelt antiatherogene Effekte, lokal begrenzt auf die atherosklerotischen Plaques. Bisher konnte die Bedeutung des monozytären ApoE noch nicht abschließend geklärt werden. Bekannt ist jedoch, dass ApoE hierbei als ein parakriner Mittler die Funktionen der Endothelzellen, glatten Muskelzellen, Lymphozyten und Makrophagen, und damit auch die Atherogenese, beeinflussen kann.

Es wird zwischen drei Hauptformen des ApoE (E2, E3 und E4) differenziert. Diese unterscheiden sich in ihrer Aminosäuresequenz an Position 112 und 158. Aus den drei entsprechenden Allelen ergeben sich insgesamt sechs verschiedene Genotypen, drei homozygote (ε2/ε2, ε3/ε3 und ε4/ε4) und drei heterozygote (ε2/ε3, ε2/ε4 und ε3/ε4). Während die E2-Variante den geringsten Anteil unter den drei Isoformen ausmacht, ist die E3-Variante am weitesten verbreitet und wird daher auch als Wildtyp bezeichnet (Tab. 6.1).

© Springer Fachmedien Wiesbaden 2014
I. Kuhlmann, et al., *Prävention kardiovaskulärer Erkrankungen und Atherosklerose*, essentials, DOI 10.1007/978-3-658-08359-5_6

Tab. 6.1 Unterschiede in der Allelverteilung und der Aminosäuresequenz der drei Isoformen des ApoE

Isoform	Allel	Allelfrequenz in Deutschland (%)	Aminosäure 112	Aminosäure 158
ApoE2	ε2	8,2	Cystein	Cystein
ApoE3	ε3	78,2	Cystein	Arginin
ApoE4	ε4	13,6	Arginin	Arginin

6.1 Bedeutung des ApoE4-Genotyps für die Entwicklung einer Atherosklerose

Der ApoE-Genotyp beeinflusst das Risiko für Herz-Kreislauf- Erkrankungen signifikant. So ist der ApoE4-Genotyp mit einem ca. 40 % höheren Risiko für KHK assoziiert. Entscheidend für das KHK-Risiko ist vor allem die Plasma-Cholesterolkonzentration, die in Abhängigkeit des ApoE-Genotyps variiert. ApoE4 ist im Vergleich zu ApoE3 mit einem erhöhten LDL- und einem geringeren HDL-Cholesterolspiegel assoziiert, während ApoE2-Träger im Vergleich zu ApoE3 einen verringerten LDL-Cholesterolspiegel aufweisen. Die Unterschiede im Cholesterolmetabolismus bewirken einen zum Teil doppelt so hohen Anstieg der Cholesterolspiegel nach einer cholesterolreichen Mahlzeit bei homozygoten ApoE4-Trägern im Vergleich zu den anderen ApoE-Phänotypen. Ebenso ist die LDL-Cholesterolsenkende Wirkung der Statine bei Trägern eines ApoE4-Allels geringer als beim ApoE3-Genotyp ausgeprägt.

In einer prospektiv genotypisierten Probandenkohorte wurde die Interaktion zwischen KHK-Risiko und Fischöl untersucht. Die protektiven Effekte des Fischöls, welches nachweislich Plasmatriglyceride und Plasmacholesterol reduziert, zeigten dabei eine Abhängigkeit vom ApoE-Genotyp. Während der Fischölkonsum bei ApoE2-Allelträgern zu einer Steigerung des HDL-Cholesterols führte, war der ApoE4-Genotyp mit einer Reduzierung des HDL und eine Erhöhung des LDL-Cholesterols assoziiert. Folglich scheint ApoE4 im Vergleich zum ApoE2- und ApoE3-Genotyp nicht oder nur geringfügig auf pharmakologische oder diätetische Maßnahmen zur Reduzierung des LDL-Cholesterolspiegels zu reagieren (Jofre-Monseny et al. 2008).

6.2   Interaktion zwischen ApoE-Genotyp und Biomarkern des oxidativen Stresses und chronischer Entzündung

In eigenen Studien konnte gezeigt werden, dass der ApoE4-Genotyp im Vergleich zu ApoE3 einen veränderten oxidativen und inflammatorischen Status aufweist.

In stabil transfizierten murinen Makrophagen ist die Produktion von Superoxidanionradikalen ($O_2^{\cdot-}$), nach Induzierung der NADPH-Oxidase durch Phorbol-12-Myristat-13-Acetat, bei ApoE4- im Vergleich zu ApoE3-Makrophagen signifikant erhöht. Zudem konnte in einer retrospektiv genotypisierten Kohorte gezeigt werden, dass ApoE4-Träger eine signifikant höhere Plasmakonzentration an F_2-Isoprostanen, einem Surrogatmarker für Lipidperoxidation, aufweisen als Nicht-E4-Allelträger.

Des Weiteren scheint der ApoE-Genotyp auch den Transport und Metabolismus von Vitamin E zu beeinflussen. Es wurde gezeigt, dass die periphere α-Tocopherol-Konzentration bei transgenen ApoE4-Mäusen signifikant niedriger ist als bei ApoE3-Mäusen. Zurückzuführen ist dies möglicherweise auf eine veränderte Genexpression und einer entsprechend veränderten Synthese von Proteinen, welche in den peripheren Transport und Metabolismus des α-Tocopherols involviert sind. Folglich ist die mRNA-Expression von Lipoproteinrezeptoren wie dem Scavenger-Rezeptor B1, LDL-Rezeptor und LDL-*Receptor-related*-Protein, die für die Aufnahme von α-Tocopherol aus dem Plasma von Bedeutung sind, bei ApoE4- im Vergleich zu ApoE3-Mäusen geringer. Ergänzend dazu weisen ApoE4-Mäuse eine gesteigerte Transkription der Cytochrom-P450-3A-Enzymfamilie auf, welche die mikrosomale Degradation von α-Tocopherol vermitteln. Zusammengefasst beeinflusst der ApoE-Genotyp die Expression von Genen, die am Transport, der Aufnahme und Abgabe von α-Tocopherol sowie dessen Degradation beteiligt sind, woraus eine geringere periphere α-Tocopherolkonzentration im ApoE4-Genotyp resultiert.

Weitere Studien zur Inflammation in ApoE3- und ApoE4-Mäusen ergaben, dass chronische Entzündungsprozesse durch Flavonoide wie Quercetin reduziert werden können. Jedoch sind die antiinflammatorischen Effekte des Quercetins, welche teilweise auf einer Reduktion von TNF-α beruhen, vornehmlich beim ApoE3- und weniger beim ApoE4-Genotyp ausgeprägt.

Oxidativer Stress und Entzündungsprozesse sind eng miteinander verknüpft und spielen eine wichtige Rolle bei altersbedingten chronischen Erkrankungen. Nach Stimulation mit bakteriellem Lipopolysaccharid wurde die Expression verschiedener Entzündungsproteine in ApoE3- und ApoE4-Makrophagen analysiert.

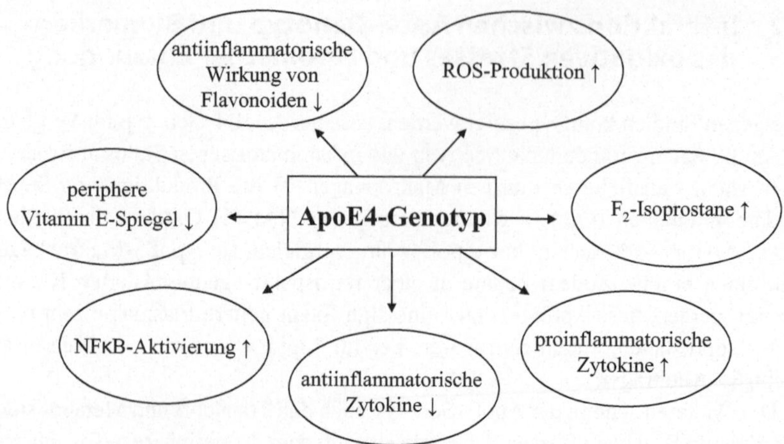

Abb. 6.1 Der ApoE-Genotyp beeinflusst die Produktion reaktiver Sauerstoffspezies, antioxidative Schutzmechanismen und chronisch entzündliche Prozesse

Während die mRNA-Spiegel der proinflammatorischen Marker TNF-α, IL-1β und Makrophagen-inflammatorisches Protein-1α (*macrophage inflammatory protein-1α*, MIP1α) beim ApoE4-Genotyp im Vergleich zu ApoE3 signifikant höher waren, wurde entsprechend eine geringere Produktion des antiinflammatorischen Zytokins IL-10 in den ApoE4-Makrophagen festgestellt. Insgesamt scheint er ApoE4-Genotyp, im Vergleich zum ApoE3-Genotyp, mit gesteigertem oxidativen Stress und chronischer Entzündung assoziiert zu sein (Abb. 6.1).

Was Sie aus diesem Essential mitnehmen können

- Die Atherosklerose, welche die primäre Ursache für Herz-Kreislauf-Erkrankungen ist, ist eine komplexe, degenerative Systemerkrankung der arteriellen Gefäßwände, welche mit Prozessen wie Fettablagerungen, Entzündungsreaktionen, Zellproliferationen und Kollagensynthese einhergehen an denen hauptsächlich Zellen wie z. B. Monozyten bzw. Makrophagen, glatte Muskelzellen, Endothelzellen und Thrombozyten beteiligt sind.
- Stickstoffmonoxid-Synthasen (NOS) wandeln katalytisch L-Arginin zu L-Citrullin um, wobei Stickstoffmonoxid als „Nebenprodukt" entsteht. Es wird zwischen drei Isoformen unterschieden: endotheliale NOS (eNOS), induzierbare NOS (iNOS) und neuronale NOS. Endotheliales NO wirkt antiatherogen und schützt die Gefäßwände vor atherogenen Läsionen, wohingegen eine chronische Überproduktion von NO durch iNOS zu Inflammation, endothelialer Dysfunktion und Gewebsschädigung führen kann.
- Die Entstehung einer Atherosklerose ist mit einer Vielzahl von Risikofaktoren assoziiert, die sich in nicht beeinflussbare Faktoren z. B. Geschlecht, Alter, genetische Prädisposition, ethnische Herkunft und beeinflussbare z. B. Cholesterolspiegel, arterieller Bluthochdruck, Übergewicht usw. unterteilen lassen.
- Nahrungsfaktoren können unterschiedliche molekulare Targets beeinflussen und können den Prozess der Atherogenese möglicherweise verhindern oder diesen entscheidend verzögern.
- Apolipoprotein E ist eine Hauptkomponente der Lipoproteine, welche am Cholesterol- und Lipidtransport beteiligt sind. Es wird zwischen drei Hauptformen des ApoE (E2, E3 und E4) differenziert, die sich in ihrer Aminosäuresequenz an Position 112 und 158 unterscheiden. Der ApoE4-Genotyp ist mit einem ca. 40 % höheren Risiko für KHK assoziiert und geht teilweise mit veränderten Biomarkern des Lipidstoffwechsels und der Inflammation einher.

© Springer Fachmedien Wiesbaden 2014
I. Kuhlmann, et al., *Prävention kardiovaskulärer Erkrankungen und Atherosklerose*, essentials, DOI 10.1007/978-3-658-08359-5

Literatur

Aviram M, Rosenblat M (2004) Paraoxonases 1, 2, and 3, oxidative stress, and macrophage foam cell formation during atherosclerosis development. Free Radic Biol Med 37:1304–1316

Birtcher KK, Ballantyne CM (2004) Cardiology patient page. measurement of cholesterol: a patient perspective. Circulation 110:e296–e297

Blake JG, Ridker MP (2003) C-reactive protein and other inflammatory risk markers in acute coronary syndromes. J Am Coll Cardiol 41:37S–42S

Chen LX et al (2004) Sphingosine kinase-1 mediates TNF-alpha-induced MCP-1 gene expression in endothelial cells: upregulation by oscillatory flow. Am J Physiol Heart Circ Physiol 287:1452–1458

Collins T, Cybulsky MI (2001) NF-kappaB: pivotal mediator or innocent bystander in atherogenesis? J Clin Invest 107:255–264

Davies PF (2000) Spatial hemodynamics, the endothelium, and focal atherogenesis: a cell cycle link? Circ Res 86:114–116

Davignon J, Ganz P (2004) Role of endothelial dysfunction in atherosclerosis. Circulation 109 (suppl. III): III-27–32

Dean R, Kelly D (2000) Atherosclerosis: gene expression, cell interactions and oxidation. Oxford University Press, New York

Ferre N et al (2003) Regulation of serum paraoxonase activity by genetic, nutritional, and lifestyle factors in the general population. Clin Chem 49:1491–1497

Ginnan R et al (2008) Regulation of smooth muscle by inducible nitric oxide synthase and NADPH oxidase in vascular proliferative diseases. Free Radic Biol Med 44:1232–1245

Hofmann F et al (2006) Function of cGMP-dependent protein kinases as revealed by gene deletion. Physiol Rev 86:1–23

Jofre-Monseny L et al (2008) Impact of apoE genotype on oxidative stress, inflammation and disease risk. Mol Nutr Food Res 52:131–145

Libby P (2001) Managing the risk of atherosclerosis: the role of high-density lipoprotein. Am J Cardiol 88:3N–8N

Libby P (2002) Inflammation in atherosclerosis. Nature 420:868–874

Lowel H (2006) Koronare Herzkrankheit und Myokardinfark. In: Robert Koch-Institut (Hrsg) Gesundheitsberichterstattung des Bundes, Robert Koch-Institut, Berlin

Lusis JA (2000) Atherosclerosis. Nature 407:233–241

© Springer Fachmedien Wiesbaden 2014

I. Kuhlmann, et al., *Prävention kardiovaskulärer Erkrankungen und Atherosklerose*, essentials, DOI 10.1007/978-3-658-08359-5

Pan S (2009) Molecular mechanisms responsible for the atheroprotective effects of laminar shear stress. Antioxid Redox Signal 11:1669–1682

RKI (2002) Bundes-Gesundheitssurvey. Robert Koch-Institut, Berlin. http://edoc.rki.de/documents/rki_fv/reJBwqKp45PiI/PDF/28ynT3YQ7yRD2_20.pdf

Sabeti S et al (2005) Prognostic impact of fibrinogen in carotid atherosclerosis: nonspecific indicator of inflammation or independent predictor of disease progression? Stroke 36:1400–1404

Shaul PW (2002) Regulation of endothelial nitric oxide synthase: location, location, location. Annu Rev Physiol 64:749–774

Soran H et al (2009) Variation in paraoxonase-1 activity and atherosclerosis. Curr Opin Lipidol 20:265–274

Stary HC et al (1995) A definition of advanced types of atherosclerotic lesions and a histological classification of atherosclerosis. A report from the committee on vascular lesions of the council on arteriosclerosis, American Heart Association. Circulation 92:1355–1374

WHO (2002) Integrated management of cardiovascular risk. World Health Organization, Genf. http://whqlibdoc.who.int/publications/9241562242.pdf

WHO (2004) Numbers and rates of registered deaths. World Health Organization Press, Genf

WHO (2007) Prevention of cardivascular disease: guidline for assessment and management of cardiovascular risk. World Health Organization Press, Genf

Woollard KJ, Geissmann F (2010) Monocytes in atherosclerosis: subsets and functions. Nat Rev Cardiol 7:77–86

Xu WM, Liu LZ (1998) Nitric oxide: from a mysterious labile factor to the molecules of the Nobel Prize. Recent progress in nitric oxide research. Cell Res 8:251–258